時間加法：
增加兵力大作戰

增加兵力大作戰 1

作戰指標一

記住每個圖所代表的時間階級及階級間的升級數字

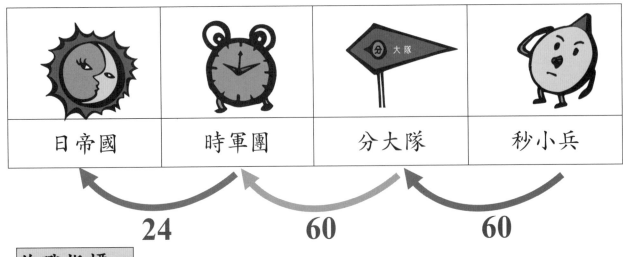

日帝國	時軍團	分大隊	秒小兵

24　　　60　　　60

作戰指標二

記住各時間階級的換算公式

一、「日帝國」與其他階級的換算

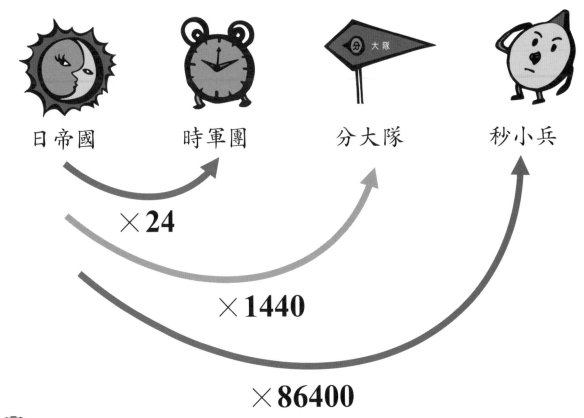

日帝國　　時軍團　　分大隊　　秒小兵

$\times 24$

$\times 1440$

$\times 86400$

2

時間軍團大進擊：我的時間遊戲書

孟瑛如、黃欣儀、陳虹君　著

作者簡介

孟瑛如

學歷：美國匹茲堡大學教育輔導碩士

美國匹茲堡大學特殊教育博士

現職：國立新竹教育大學特殊教育學系教授兼圖書館館長

專長：學習障礙、情緒行為障礙

黃欣儀

學歷：臺北市立教育大學特殊教育碩士

現任：新竹市民富國小資源班教師

陳虹君

學歷：國立新竹教育大學特殊教育研究所碩士

現任：國立新竹教育大學特殊教育學系有愛無礙團隊專任助理

這是＿＿＿＿＿＿＿＿＿＿＿＿＿＿＿＿的遊戲書

我從＿＿＿年＿＿＿月＿＿＿日開始使用這本書

目次

時間加法：增加兵力大作戰 ……………………………………………001

時間減法：削減兵力大作戰 ……………………………………………029

時間單位互換：階級轉換大作戰 ………………………………………057

時間乘法：倍數集合大作戰 ……………………………………………067

時間除法：平均分散大作戰 ……………………………………………077

二、「時軍團」與其他階級的換算

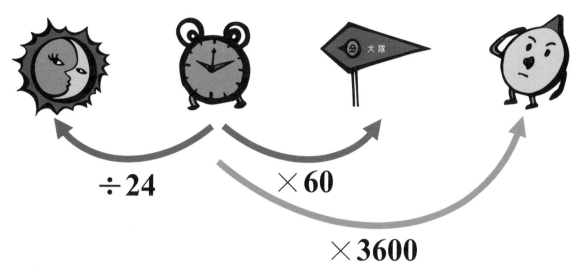

三、「分大隊」與其他階級的換算

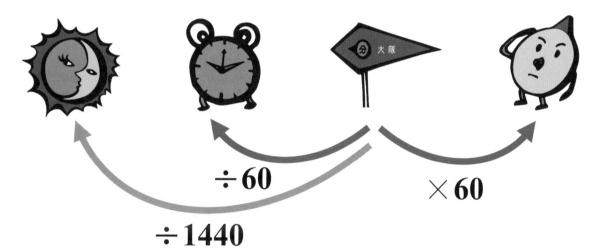

四、「秒小兵」與其他階級的換算

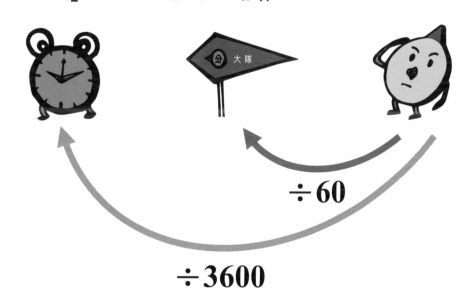

增加兵力大作戰 2

（增兵任務 1-1）

1 個分大隊、30 個秒小兵再加入 10 個秒小兵，

請問這個軍隊一共有幾個分大隊、幾個秒小兵？

方法一：利用「時間軍隊圖」想想看

＋

（ 1 ）個 　　（ 40 ）個

1 分 30 秒＋10 秒＝（ 1 ）分（ 40 ）秒

4

方法二：利用「時間增兵五步驟」算算看

□ □

□

⇩

【步驟一】先寫上時間階級以及升級數字

60

分 秒

□

⇩

【步驟二】寫上題目及「＋」號

60

分 秒

	1	30
＋		10

⇩

【步驟三】算出答案後

確認小階級數字有沒有超過升級數字

□有超過 →【步驟四】升級

→【步驟五】階級命名

☑沒有超過→【步驟五】階級命名

60

分 秒

	1	30
＋		10
	2	40

沒有超過

~~【步驟四】升級~~

⇩

【步驟五】階級命名

60

分 秒

	1	30
＋		10
	1 分	40 秒

1 分 30 秒＋10 秒＝（ 1 ）分（ 40 ）秒

按照步驟跟著執行，你完成了嗎？

增加兵力大作戰 3

_____年_____月_____日

（增兵任務 1-2）

$$2 分 15 秒 ＋ 1 分 30 秒 ＝ （　　　）分（　　　）秒$$

【步驟一】先寫上時間階級
以及升級數字

```
        60
 ┌──┐ ┌──┐
 │分│ │秒│
 └──┘ └──┘

   ┌──┐
   └──┘
 ─────────
```

⇩

【步驟二】寫上題目及「＋」號

```
        60
 ┌──┐ ┌──┐
 │分│ │秒│
 └──┘ └──┘
   2    15
┌─┐
│＋│ 1   30
└─┘
 ─────────
```

⇩

下面開始由你自己執行任務！

【步驟三】算出答案後
確認小階級數字有沒有超過升級數字
☐ 有超過　→【步驟四】升級
　　　　　→【步驟五】階級命名

☐ 沒有超過→【步驟五】階級命名

```
          60
   ┌──┐ ┌──┐
   │分│ │秒│
   └──┘ └──┘
     2    15
  ┌─┐
  │＋│ 1   30
  └─┘
   ─────────
        ⋰
     ( ⋮ )
```

【步驟四】升級

（有，沒有）圈圈看

超過

【步驟五】階級命名

讓我們再執行下一個任務，看你能不能順利完成任務！

6

增加兵力大作戰 4

(增兵任務 1-3)

$$4 分 27 秒 + 1 分 18 秒 = (\quad) 分 (\quad) 秒$$

【步驟一】先寫上時間階級
　　　　　以及升級數字

下面開始由你自己執行任務！

【步驟二】寫上題目及「＋」號

【步驟三】算出答案後
　　　確認小階級數字有沒有超過升級數字
　　　□有超過　→【步驟四】升級
　　　　　　　　→【步驟五】階級命名

　　　□沒有超過→【步驟五】階級命名

【步驟四】升級

【步驟五】階級命名

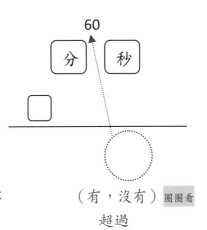

（有，沒有）圈圈看
超過

★模擬任務　　　　　　※小提醒：最後記得階級命名喔！

①4 分 29 秒 + 1 分 22 秒	②5 分 5 秒 + 1 分 42 秒

很不錯喔！階段任務完成！

增加兵力大作戰 5

___年___月___日

（增兵任務 2-1）

1 個時軍團、45 個分大隊

再加入 2 個時軍團、10 個分大隊

請問這個軍隊一共有幾個時軍團、幾個分大隊？

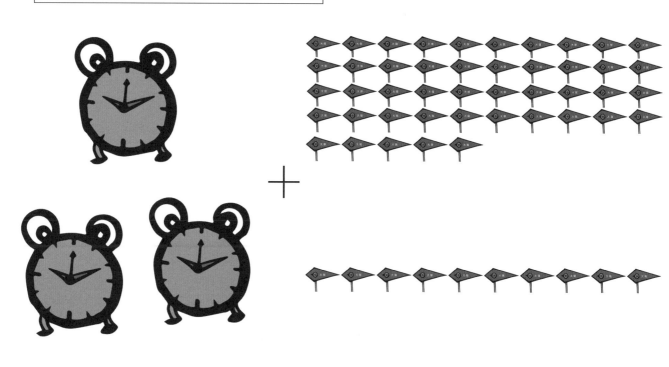

方法一：利用「時間軍隊圖」想想看

（ 3 ）個   （ 55 ）個

1 時 45 分＋2 時 10 分＝（ 3 ）時（ 55 ）分

方法二：利用「時間增兵五步驟」算算看

【步驟一】先寫上時間階級
　　　　　以及升級數字

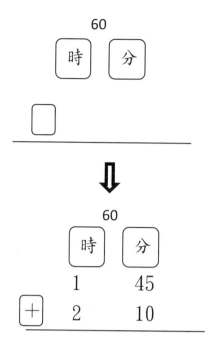

【步驟二】寫上題目及「＋」號

下面開始由你執行任務！

【步驟三】算出答案後
　　確認小階級數字有沒有超過升級數字

　　□有超過　→【步驟四】升級
　　　　　　　→【步驟五】階級命名

　　□沒有超過→【步驟五】階級命名

【步驟四】升級

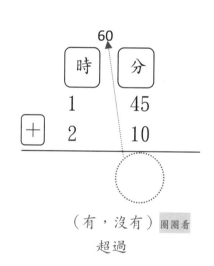

（有，沒有）圈圈看
超過

【步驟五】階級命名

很不錯喔！再試試下一個任務！

增加兵力大作戰6

（增兵任務2-2）

$$2 時 32 分 ＋ 2 時 23 分 ＝ （\quad） 時 （\quad） 分$$

【步驟一】先寫上時間階級

以及升級數字

下面由你自己執行！

【步驟二】寫上題目及「＋」號

【步驟三】算出答案後

確認小階級數字有沒有超過升級數字

□有超過 → 【步驟四】升級

→ 【步驟五】階級命名

□沒有超過→【步驟五】階級命名

【步驟四】升級

【步驟五】階級命名

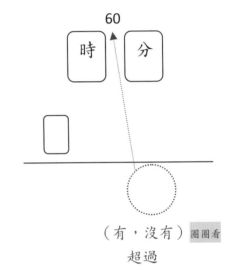

（有，沒有）圈圈看

超過

★模擬任務

①5 時 38 分 ＋ 1 時 14 分	②3 時 33 分 ＋ 4 時 17 分

階段任務執行完畢！

（增兵任務 3-1）

1 日 10 時＋1 日 5 時＝（　　　）日（　　　）時

方法一：利用「時間軍隊圖」想想看

+

（ 2 ）個 　（ 15 ）個

1 日 10 時＋1 日 5 時＝（ 2 ）日（ 15 ）時

方法二：利用「時間增兵五步驟」算算看

【步驟一】先寫上時間階級

以及升級數字

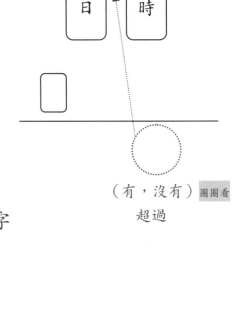

（有，沒有）圈圈看
超過

下面開始請你自己執行任務！

【步驟二】寫上題目及「＋」號

【步驟三】算出答案後
確認小階級數字有沒有超過升級數字
□有超過　→【步驟四】升級
　　　　　→【步驟五】階級命名

□沒有超過→【步驟五】階級命名

【步驟四】升級

【步驟五】階級命名

（增兵任務 3-2）

2 日 11 時＋1 日 11 時＝（　　）日（　　）時

【步驟一】先寫上時間階級以及升級數字

【步驟二】寫上題目及「＋」號

【步驟三】算出答案後
確認小階級數字有沒有超過升級數字
□有超過　→【步驟四】→【步驟五】
□沒有超過→【步驟五】

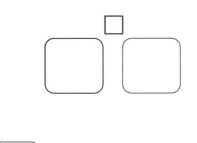

【步驟四】升級

【步驟五】階級命名

增加兵力大作戰 8

___年___月___日

★再複習一次「時間增兵五步驟」

【步驟一】先寫上時間階級以及升級數字

【步驟二】寫上題目及「＋」號

【步驟三】算出答案後，確認小階級數字有沒有超過升級數字
　　　　　□有超過　→【步驟四】→【步驟五】
　　　　　□沒有超過→【步驟五】

【步驟四】升級

【步驟五】階級命名

★模擬任務

①3 分 10 秒＋3 分 10 秒	②4 時 5 分＋2 時 35 分
③1 日 17 時＋2 日 4 時	④2 日 9 時＋2 日 11 時

增加兵力大作戰 9

____年____月____日

★執行下列任務：按照「時間增兵五步驟」試試看吧！

①4 分 5 秒＋3 分 10 秒	②1 分 8 秒＋6 分 28 秒
③2 時 19 分＋29 分	④3 時 45 分＋5 時 7 分
⑤1 日 8 時＋1 日 8 時	⑥2 日 13 時＋2 日 8 時

增加兵力大作戰 10

___年___月___日

作戰預備一

連接各時間階級的代表圖示,並完成階級間的升級數字

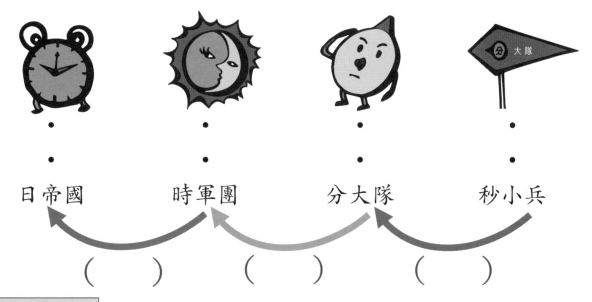

作戰預備二

完成各時間階級的換算公式

一、「日帝國」與其他階級的換算

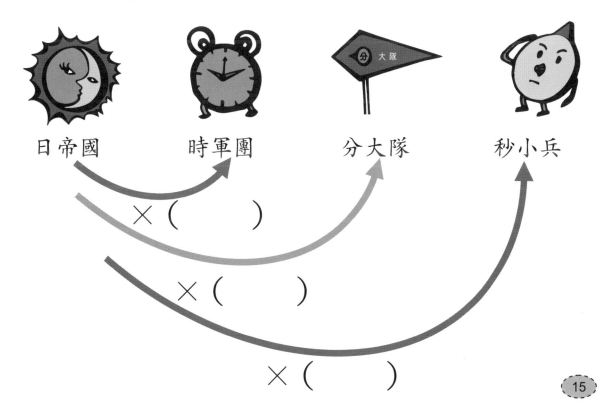

二、「時軍團」與其他階級的換算

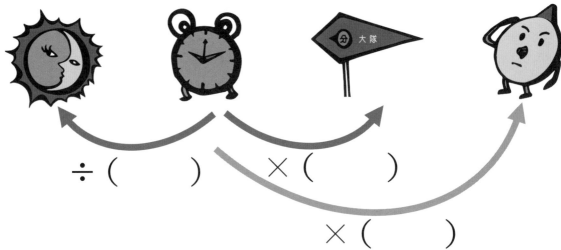

÷ （　　　　　）　　×（　　　　　）

×（　　　　　）

三、「分大隊」與其他階級的換算

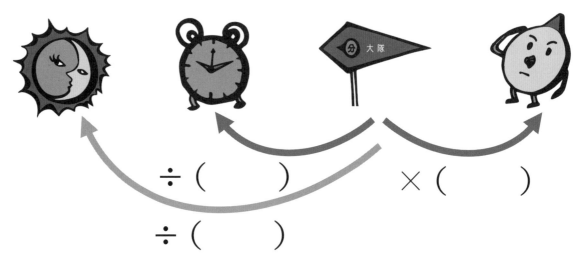

÷ （　　　　　）　　×（　　　　　）

÷ （　　　　　）

四、「秒小兵」與其他階級的換算

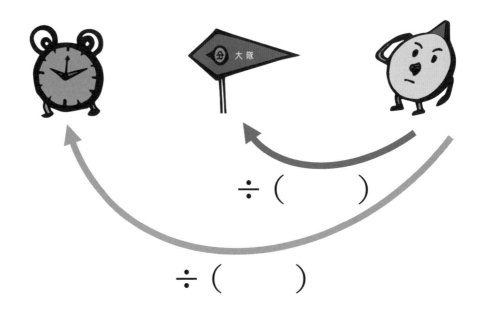

÷ （　　　　　）

÷ （　　　　　）

增加兵力大作戰 11

（增兵任務 4-1）

1 個分大隊、40 個秒小兵再加入 20 個秒小兵，
請問這個軍隊一共有幾個分大隊、幾個秒小兵?

方法一：利用「時間軍隊圖」想想看

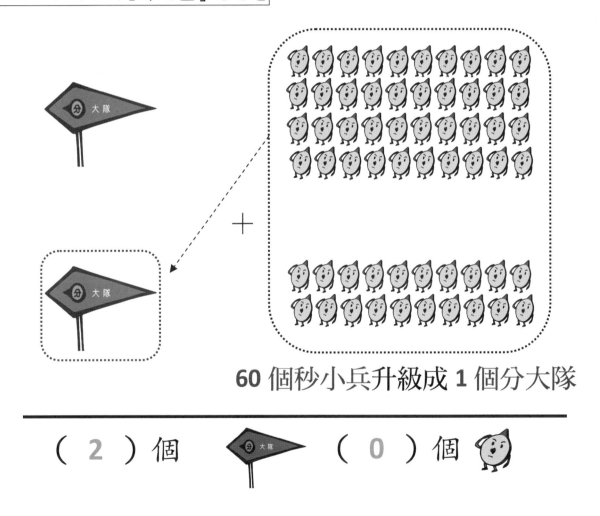

60 個秒小兵升級成 1 個分大隊

（ 2 ）個　　　（ 0 ）個

1 分 40 秒＋20 秒＝（ 2 ）分（ 0 ）秒

【步驟一】先寫上時間階級
　　　　　以及升級數字

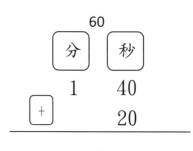

【步驟二】寫上題目及「＋」號

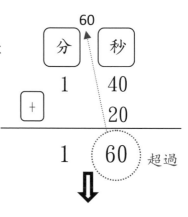

【步驟三】算出答案後
　　確認小階級數字有沒有超過升級數字
　　☑有超過　→【步驟四】升級
　　　　　　　→【步驟五】階級命名
　　☐沒有超過→【步驟五】

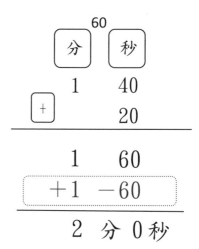

【步驟四】升級，口訣：＋1－升級

　大階級數字＋1
　小階級數字－升級數字

【步驟五】階級命名

按照指令執行，你完成了嗎？

（增兵任務 4-2）

2 分 55 秒＋3 分 20 秒＝（　　　）分（　　　）秒

【步驟一】先寫上時間階級
　　　　　以及升級數字

【步驟二】寫上題目及「＋」號

下面開始由你自己執行任務！

【步驟三】算出答案後
　　確認小階級數字有沒有超過升級數字
　　□有超過　→【步驟四】
　　　　　　　→【步驟五】

　　□沒有超過→【步驟五】

（有，沒有）圈圈看
超過

【步驟四】升級，口訣：＋1－升級

　大階級數字＋1

　小階級數字－升級數字

【步驟五】階級命名

讓我們再執行一次任務！

_____年_____月_____日

（增兵任務 4-3）

4 分 37 秒＋1 分 38 秒＝（　　　）分（　　　）秒

【步驟一】先寫上時間階級
　　　　　以及升級數字

60

分　　秒

下面開始由你自己執行！

□

【步驟二】寫上題目及「＋」號

（有，沒有）圈圈看

超過

【步驟三】算出答案後
　　確認小階級數字有沒有超過升級數字
　　□有超過→【步驟四】→【步驟五】
　　□沒有超過→【步驟五】

【步驟四】升級，口訣：＋1－升級 大階級數字＋1，小階級數字－升級數字

【步驟五】階級命名

★模擬作戰

①5 分 28 秒＋2 分 32 秒	②4 分 7 秒＋5 分 57 秒

任務成功！順利達陣！

____年____月____日

（增兵任務 5-1）

2 個時軍團、50 個分大隊再加入 20 個分大隊，

請問這個軍隊一共有幾個時軍團、幾個分大隊?

方法一：利用「時間軍隊圖」想想看

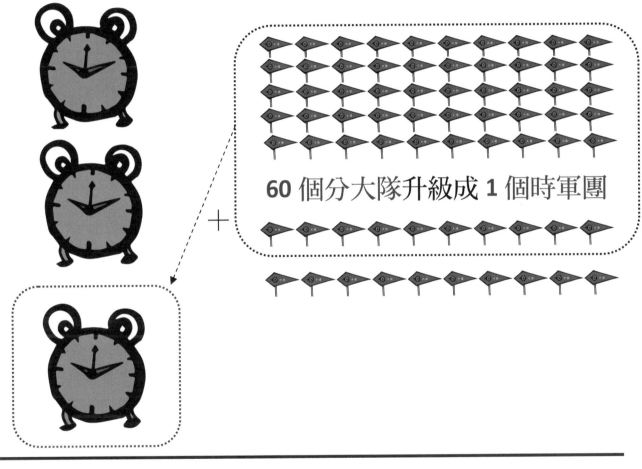

60 個分大隊升級成 1 個時軍團

（ 3 ）個 　　（ 10 ）個

1 時 50 分＋1 時 20 分＝（ 3 ）時（ 10 ）分

方法二：利用「時間增兵五步驟」算算看

【步驟一】先寫上時間階級
　　　　　以及升級數字

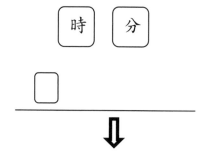

【步驟二】寫上題目及「＋」號

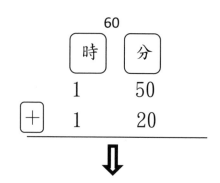

下面任務由你執行！

【步驟三】算出答案後
　　確認小階級數字有沒有超過升級數字
　　□有超過　→【步驟四】
　　　　　　　→【步驟五】

　　□沒有超過→【步驟五】

【步驟四】升級，口訣：＋1－升級

　　大階級數字＋1
　　小階級數字－升級數字

【步驟五】階級命名

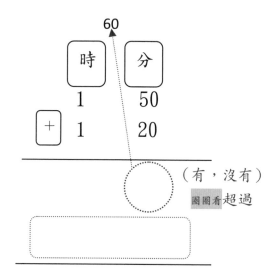

（有，沒有）
圈圈看超過

順利完成，再試下個任務看看！

增加兵力大作戰 15

(增兵任務 5-2)

2 時 32 分＋2 時 33 分＝（　　　）時（　　　）分

【步驟一】先寫上時間階級
　　　　　　以及升級數字

下面開始由你執行！

【步驟二】寫上題目及「＋」號

【步驟三】算出答案後

　　確認小階級數字有沒有超過升級數字

　　□有超過　→【步驟四】

　　　　　　　→【步驟五】

　　□沒有超過→【步驟五】

【步驟四】升級，口訣：＋1－升級

　　大階級數字＋1，小階級數字－升級數字

【步驟五】階級命名

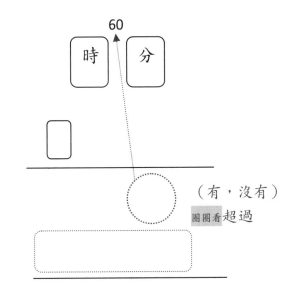

★闖關大挑戰

①3 時 29 分＋2 時 38 分	②4 時 27 分＋5 時 47 分

很不錯喔！你做得非常好呢！

_____年_____月_____日

（增兵任務 6-1）

1 日 15 時＋1 日 10 時＝（　　　）日（　　　）時

方法一：利用「時間軍隊圖」想想看

24 個時軍團升級成 1 個日帝國

（ 3 ）個 （ 1 ）個

1 日 15 時＋1 日 10 時＝（ 3 ）日（ 1 ）時

方法二：利用「時間增兵五步驟」算算看

【步驟一】先寫上時間階級

以及升級數字

日　24↑　時

下面開始由你執行任務

【步驟二】寫上題目及「＋」號

【步驟三】算出答案後

確認小階級數字有沒有超過升級數字

□有超過　→【步驟四】→【步驟五】

□沒有超過→【步驟五】

（有，沒有）圈圈看
超過

【步驟四】升級，口訣：＋1－升級

大階級數字＋1，小階級數字－升級數字

【步驟五】階級命名

（增兵任務 3-2）

2 日 14 時＋1 日 20 時＝（　　　）日（　　　）時

【步驟一】先寫上時間階級以及升級數字

【步驟二】寫上題目及「＋」號

【步驟三】算出答案後

確認小階級數字有沒有超過升級數字

□有超過　→【步驟四】→【步驟五】

□沒有超過→【步驟五】

【步驟四】升級，口訣：＋1－升級

大階級數字＋1，小階級數字－升級數字

【步驟五】階級命名

增加兵力大作戰 17

★再複習一次「時間增兵五步驟」

【步驟一】先寫上時間階級以及升級數字

【步驟二】寫上題目及「＋」號

【步驟三】算出答案後，確認小階級數字有沒有超過升級數字
　　　　　□有超過　→【步驟四】→【步驟五】
　　　　　□沒有超過→【步驟五】

【步驟四】升級，口訣： ＋1－升級

　　　　大階級數字＋1，小階級數字－升級數字

【步驟五】階級命名

★模擬大作戰

①2 分 55 秒＋3 分 5 秒	②5 時 15 分＋2 時 39 分
③3 日 19 時＋2 日 23 時	④5 日 11 時＋1 日 19 時

★執行下列任務：按照「時間增兵五步驟」試試看吧！

①3 分 50 秒＋3 分 20 秒	②1 分 28 秒＋6 分 48 秒
③2 時 37 分＋39 分	④3 時 45 分＋5 時 37 分
⑤1 日 18 時＋1 日 8 時	⑥2 日 15 時＋2 日 13 時

時間減法：
削減兵力大作戰

削減兵力大作戰 1

作戰預備一

連接各時間階級的代表圖示並完成階級間的升級數字

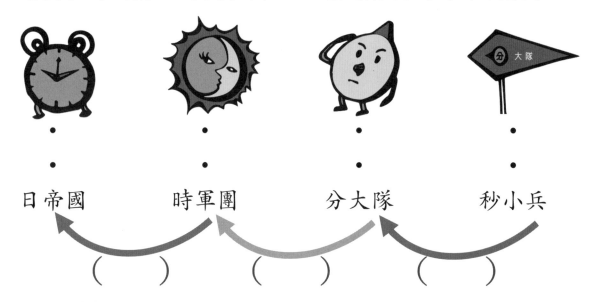

日帝國　　　時軍團　　　分大隊　　　秒小兵

（　　）　　（　　）　　（　　）

作戰預備二

完成各時間階級的換算公式表

一、「日帝國」與其他階級的換算

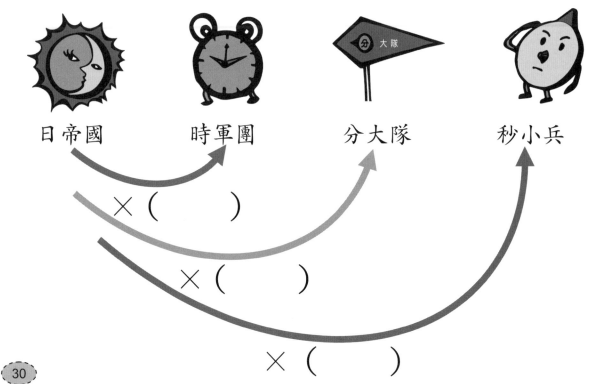

日帝國　　　時軍團　　　分大隊　　　秒小兵

×（　　　）

×（　　　）

×（　　　）

二、「時軍團」與其他階級的換算

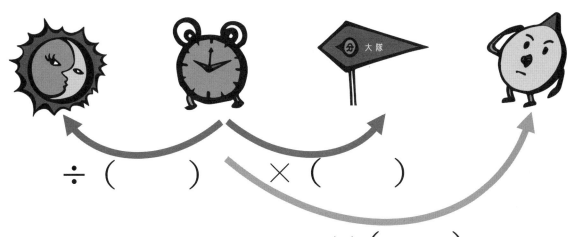

÷（　　　）　　×（　　　）

×（　　　　）

三、「分大隊」與其他階級的換算

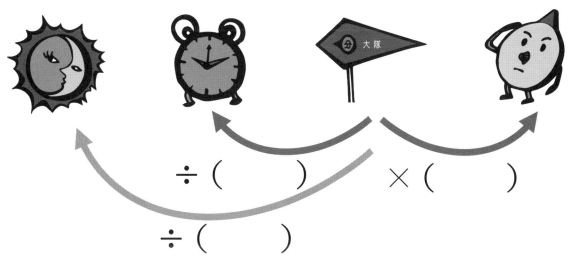

÷（　　　）　　×（　　　）

÷（　　　　）

四、「秒小兵」與其他階級的換算

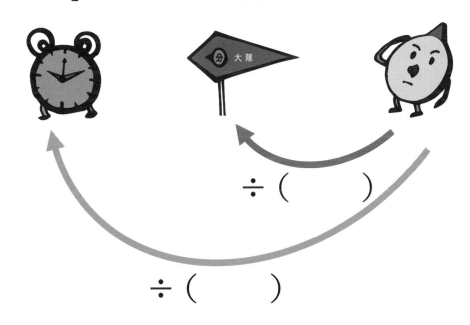

÷（　　　）

÷（　　　　）

削減兵力大作戰 2

____年____月____日

（減兵任務 1-1）

3 個分大隊、30 個秒小兵的軍隊，

被消滅了 1 個分大隊、10 個秒小兵，

請問這個軍隊還剩下幾個分大隊、幾個秒小兵？

方法一：利用「時間軍隊圖」想想看

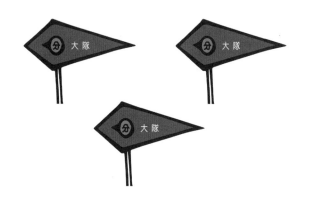

減掉 1 分 10 秒……

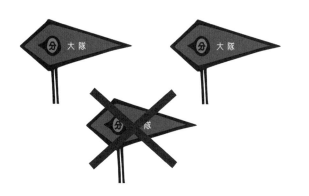

最後剩下　（ 2 ）個 　（ 20 ）個

3 分 30 秒－1 分 10 秒＝（ 2 ）分（ 20 ）秒

方法二：利用「時間減法五步驟」算算看

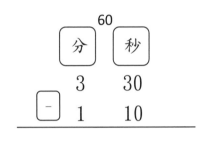

【步驟一】先寫上時間階級
以及升級數字

【步驟二】寫上題目及「－」號

【步驟三】
大小階級分開算，從小階級開始減，
確認上面數字可以減下面數字

☑可以　→【步驟五】

□不可以→【步驟四】
　　　　→【步驟五】

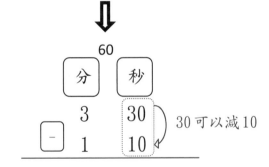

30 可以減 10

~~【步驟四】減兵，口訣：－1＋升級~~

【步驟五】階級命名

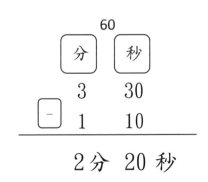

2 分 20 秒

按照指令跟著做，任務完成了嗎？

削減兵力大作戰 3

（減兵任務 1-2）

$$5 分 45 秒 - 2 分 19 秒 = （\qquad）分（\qquad）秒$$

【步驟一】先寫上時間階級
　　　　　以及升級數字

【步驟二】寫上題目及「－」號

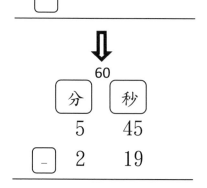

【步驟三】

大小階級分開算，從小階級開始減，
確認上面數字可以減下面數字

　　☑可以　→【步驟五】

　　□不可以→【步驟四】

　　　　　　→【步驟五】

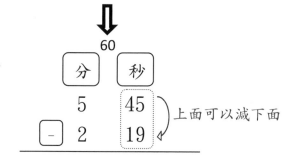

【步驟四】減兵，口訣：－1＋升級

接下來下一步該怎麼做?!

【步驟五】階級命名

讓我們進入下一個任務！

削減兵力大作戰 4

（減兵任務 1-3）

$$4 分 27 秒 － 1 分 18 秒 ＝（\quad）分（\quad）秒$$

【步驟一】先寫上時間階級
　　　　　以及升級數字

接下來的任務由你來執行！

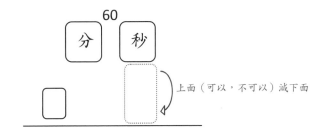

上面（可以，不可以）減下面

【步驟二】寫上題目及「－」號

【步驟三】
　大小階級分開算，從小階級開始減，
　確認上面數字可以減下面數字

　　□可以　→【步驟五】

　　□不可以→【步驟四】→【步驟五】

【步驟四】減兵，口訣：－1＋升級

【步驟五】階級命名

★模擬出擊

①5 分 38 秒 － 2 分 16 秒	②5 分 57 秒 － 2 分 28 秒

很棒喔！任務順利完成！

35

削減兵力大作戰 5

（減兵任務 2-1）

3 個時軍團、45 個分大隊的軍隊，

派出了 2 個時軍團、10 個分大隊，

請問這個軍隊還剩下幾個時軍團、幾個分大隊？

方法一：利用「時間軍隊圖」想想看

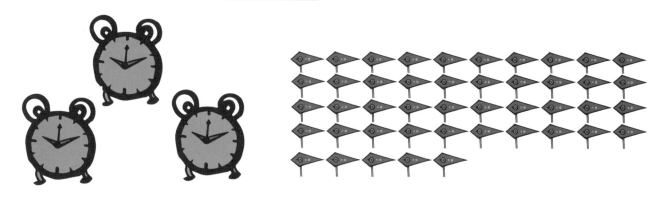

減掉 2 時 10 分……

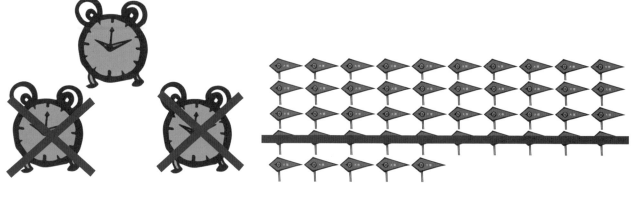

最後剩下　（ 1 ）個 　（ 35 ）個

3 時 45 分－2 時 10 分＝（ 1 ）時（ 35 ）分

方法二：利用「時間減法五步驟」算算看

【步驟一】先寫上時間階級
　　　　　以及升級數字

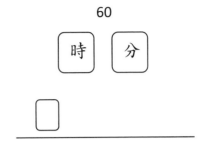

【步驟二】寫上題目及「－」號

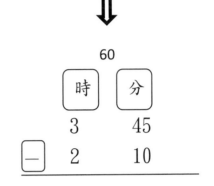

下面的任務由你執行！

【步驟三】
　大小階級分開算，從小階級開始減，
　確認上面數字可以減下面數字

　　□可以　→【步驟五】

　　□不可以→【步驟四】→【步驟五】

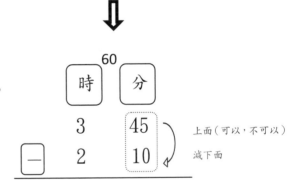

【步驟四】減兵，口訣：－1＋升級

【步驟五】階級命名

還不錯喔！順利完成任務！

削減兵力大作戰 6

（減兵任務 2-2）

$$2\text{時}32\text{分}-2\text{時}19\text{分}=（\quad）\text{時}（\quad）\text{分}$$

【步驟一】先寫上時間階級

以及升級數字

下面由你自己執行任務！

【步驟二】寫上題目及「－」號

【步驟三】

大小階級分開算，從小階級開始減，

確認上面數字可以減下面數字

□可以　→【步驟五】

□不可以→【步驟四】→【步驟五】

【步驟四】減兵，口訣：－1＋升級

【步驟五】階級命名

60

時	分

上面（可以，不可以）
減下面

★模擬任務

①3 時 29 分－2 時 12 分	②4 時 17 分－5 時 37 分

很不錯喔！迎向下一個任務吧！

削減兵力大作戰 7

（減兵任務 3-1）

1 個日帝國、12 個時軍團的軍隊，

派出了 7 個時軍團，

這個軍隊還剩下幾個日帝國、幾個時軍團？

方法一：利用「時間軍隊圖」想想看

減掉 7 時……

最後剩下（ 1 ）個 （ 5 ）個

1 日 12 時－7 時＝（ 1 ）日（ 5 ）時

【步驟一】先寫上時間階級以及升級數字

下面由你執行！

【步驟二】寫上題目及「－」號

【步驟三】
大小階級分開算，從小階級開始減，
確認上面數字可以減下面數字

　　□可以　→【步驟五】

　　□不可以→【步驟四】→【步驟五】

【步驟四】減兵，口訣：－1＋升級

【步驟五】階級命名

24

| 日 | 時 |

上面（可以，不可以）
減下面

────────────────────────

（減兵任務 3-2）

　　　2 日 15 時－1 日 5 時＝（　　　）日（　　　）時

【步驟一】先寫上時間階級以及升級數字

【步驟二】寫上題目及「－」號

【步驟三】
大小階級分開算，從小階級開始減，
確認上面數字可以減下面數字

　　□可以　→【步驟五】

　　□不可以→【步驟四】→【步驟五】

【步驟四】減兵，口訣：－1＋升級

【步驟五】階級命名

削減兵力大作戰 8

★再複習一次「時間減法五步驟」

【步驟一】先寫上時間階級以及升級數字

【步驟二】寫上題目及「－」號

【步驟三】大小階級分開算，從小階級開始減，
確認上面數字可以減下面數字

□可以 →【步驟五】

□不可以→【步驟四】→【步驟五】

【步驟四】減兵，口訣：－1＋升級

【步驟五】階級命名

★模擬大作戰

①3 分 15 秒－1 分 10 秒	②5 時 15 分－2 時 9 分
③3 日 17 時－2 日 5 時	④5 日 19 時－1 日 11 時

削減兵力大作戰 9

★攻擊任務：按照「時間減法五步驟」試試看吧！

①3 分 20 秒－3 分 10 秒	②6 分 37 秒－2 分 28 秒
③2 時 40 分－29 分	④3 時 45 分－1 時 7 分
⑤2 日 8 時－1 日 5 時	⑥2 日 13 時－2 日 8 時

削減兵力大作戰 10

作戰預備一

連接各時間階級的代表圖示並完成階級間的升級數字

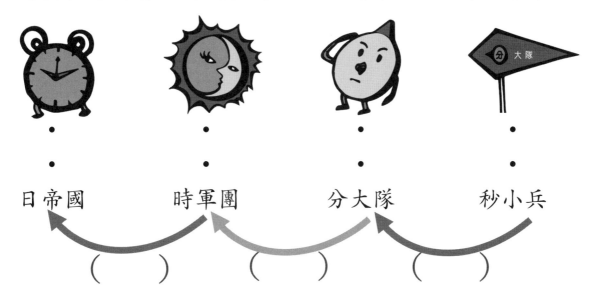

日帝國　　　時軍團　　　分大隊　　　秒小兵

（　　）　　　（　　）　　　（　　）

作戰預備二

完成各時間階級的換算公式

一、「日帝國」與其他階級的換算

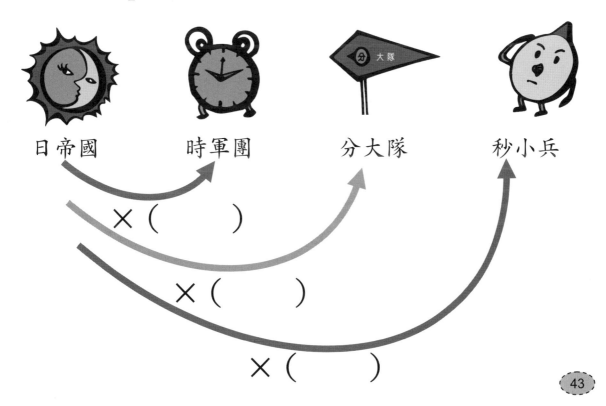

日帝國　　　時軍團　　　分大隊　　　秒小兵

×（　　　）

×（　　　）

×（　　　）

二、「時軍團」與其他階級的換算

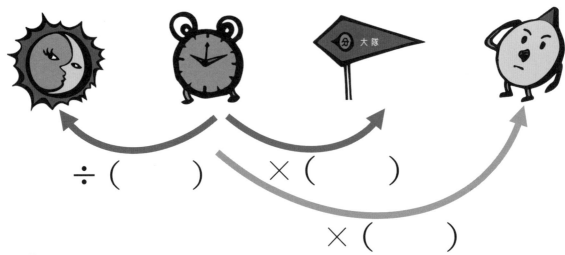

÷ (　　　　)　　　× (　　　　)

× (　　　　)

三、「分大隊」與其他階級的換算

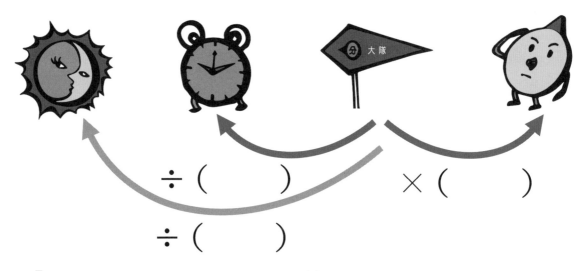

÷ (　　　　)　　　× (　　　　)

÷ (　　　　)

四、「秒小兵」與其他階級的換算

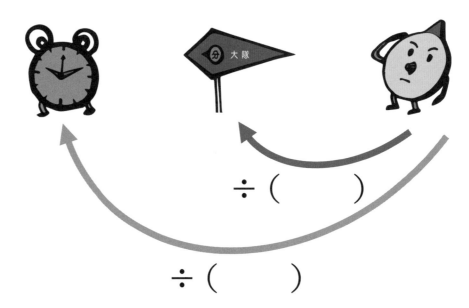

÷ (　　　　)

÷ (　　　　)

削減兵力大作戰 11

（減兵任務 4-1）

3 個分大隊、30 個秒小兵的軍隊，
被消滅了 40 個秒小兵，
請問這個軍隊還剩下幾個分大隊、幾個秒小兵？

方法一：利用「時間軍隊圖」想想看

發現 30 不夠減 40

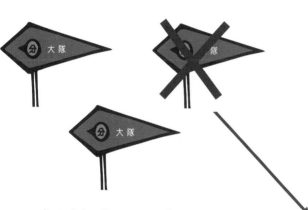

趕快把 1 個分大隊
拆成 60 個秒小兵

60 和本來的 30 合起來，一共就有 90 個秒小兵
減掉 40 個秒小兵後，最後剩下

（ 2 ）個  （ 50 ）個

3 分 30 秒－40 秒＝（ 2 ）分（ 50 ）秒

方法二：利用「時間減法五步驟」算算看

【步驟一】先寫上時間階級
　　　　　以及升級數字

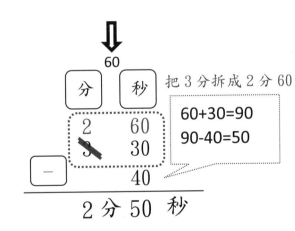

60
分	秒
□	

【步驟二】寫上題目及「－」號

60
分	秒
3	30
－	40

【步驟三】
　大小階級分開算，從小階級開始減，
　確認上面數字可不可以減下面數字

　　　□可以　→【步驟五】
　　　☑不可以→【步驟四】
　　　　　　　　→【步驟五】

60
分	秒
3	30
－	40

30 不可以減 40

【步驟四】減兵，口訣：－1＋升級

　大階級－1，小階級＋升級數字

【步驟五】階級命名

60
把 3 分拆成 2 分 60

分	秒
2	60
~~3~~	30
－	40

60+30=90
90-40=50

2 分 50 秒

按照指令跟著執行，你完成了嗎？

46

削減兵力大作戰 12

（減兵任務 4-2）

$$5 分 45 秒 － 2 分 55 秒 ＝ （\quad）分 （\quad）秒$$

【步驟一】先寫上時間階級
以及升級數字

60

| 分 | 秒 |

□

⬇

【步驟二】寫上題目及「－」號

60

分	秒
5	45
□ 2	55

⬇

【步驟三】

大小階級分開算，從小階級開始減，
確認上面數字可不可以減下面數字

□可以　→【步驟五】

☑不可以→【步驟四】
　　　　→【步驟五】

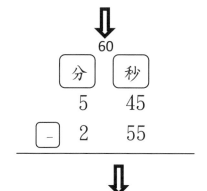

上面（可以，不可以）減下面

⬇

【步驟四】減兵，口訣：－1＋升級

大階級－1，小階級加升級數字

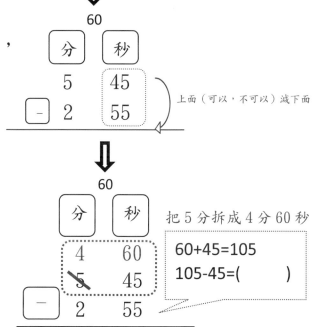

把 5 分拆成 4 分 60 秒

60+45=105
105-45=(　　　)

接下來由你確認各階級人數並完成任務！

【步驟五】階級命名

讓我們再模擬一次，看你是不是真能獨自執行任務！

47

削減兵力大作戰 13

（減兵任務 4-3）

4 分 27 秒 － 1 分 48 秒 ＝（　　　）分（　　　）秒

【步驟一】先寫上時間階級
　　　　　以及升級數字

下面開始由你執行任務！

【步驟二】寫上題目及「－」號

【步驟三】
　大小階級分開算，從小階級開始減，
　確認上面數字可以減下面數字

　　□可以　→【步驟五】

　　□不可以→【步驟四】→【步驟五】

【步驟四】減兵，口訣：－1＋升級

　　　　大階級－1，小階級＋升級數字

【步驟五】階級命名

★模擬出擊

①5 分 30 秒 － 50 秒	②5 分 28 秒 － 2 分 48 秒

很棒喔！順利達陣！

削減兵力大作戰 14

（減兵任務 5-1）

3 個時軍團、5 個分大隊的軍隊，

派出了 1 個時軍團、40 個分大隊，

請問這個軍隊還剩下幾個時軍團、幾個分大隊?

方法一：利用「時間軍隊圖」想想看

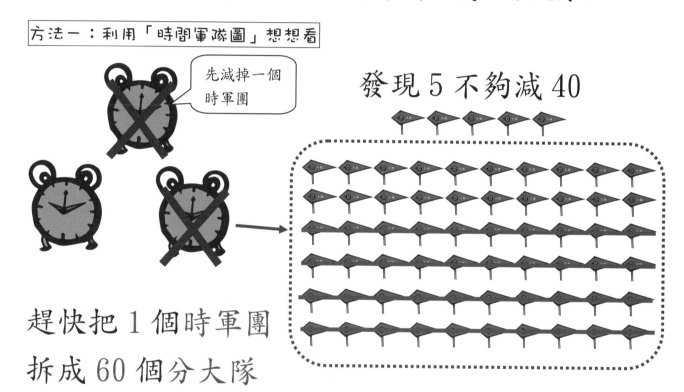

先減掉一個時軍團

發現 5 不夠減 40

趕快把 1 個時軍團拆成 60 個分大隊

60 和本來的 5 合起來，一共就有 65 個分大隊

減掉 40 個分大隊後，剩 25 個分大隊

最後總共剩下

（ 1 ）個 　（ 25 ）個

3 時 5 分－1 時 40 分＝（ 1 ）時（ 25 ）分

49

方法二：利用「時間減法五步驟」算算看

【步驟一】先寫上時間階級
　　　　　以及升級數字

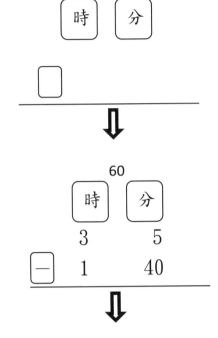

【步驟二】寫上題目及「—」號

【步驟三】
　大小階級分開算，從小階級開始減，
　確認上面數字可以減下面數字

　　□可以　→【步驟五】

　　□不可以→【步驟四】→【步驟五】

【步驟四】減兵，口訣：—1＋升級

　大階級—1，小階級＋升級數字

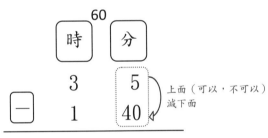

接下來由你確認各階級人數並完成任務！

【步驟五】階級命名

還不錯喔！順利完成任務！

_____年_____月_____日

（減兵任務 5-2）

2 時 32 分－2 時 19 分＝（　　　）時（　　　）分

【步驟一】先寫上時間階級

以及升級數字

60

時　分

□

上面（可以，不可以）
減下面

下面開始自己執行任務！

【步驟二】寫上題目及「－」號

【步驟三】

大小階級分開算，從小階級開始減，
確認上面數字可以減下面數字

□可以　→【步驟五】

□不可以→【步驟四】→【步驟五】

【步驟四】減兵，口訣：－1＋升級

大階級－1，小階級＋升級數字

【步驟五】階級命名

★模擬作戰

①3 時 29 分－2 時 42 分	②4 時 17 分－5 時 37 分

很不錯喔！迎向下一個任務吧！

(減兵任務 6-1)

2 個日帝國的軍隊，派出了 7 個時軍團，

請問這個軍隊還剩下幾個日帝國、幾個時軍團？

方法一：用「時間軍隊圖」想想看

發現沒有時軍團可以派出……

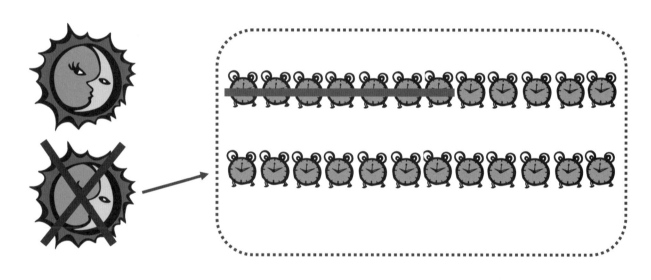

趕快把 1 個日帝國拆成 24 個時軍團

24 個時軍團減掉 7 個時軍團後，剩 17 個時軍團

最後總共剩下

（ 1 ）個　　　（ 17 ）個

2 日－7 時＝（ 1 ）日（ 17 ）時

方法二：利用「時間減法五步驟」算算看

【步驟一】先寫上時間階級以及升級數字

訓練這麼久了，接下來的任務由你執行！

上面（可以‧不可以）
減下面

【步驟二】寫上題目及「－」號

【步驟三】

大小階級分開算，從小階級開始減，
確認上面數字可以減下面數字

　　□可以　→【步驟五】

　　□不可以→【步驟四】→【步驟五】

【步驟四】減兵，口訣：－1＋升級

　　　　大階級－1，小階級＋升級數字

【步驟五】階級命名

（減兵任務 6-2）

　　　2 日 15 時－1 日 20 時＝（　　　）日（　　　）時

【步驟一】先寫上時間階級以及升級數字

【步驟二】寫上題目及「－」號

【步驟三】

大小階級分開算，從小階級開始減，
確認上面數字可以減下面數字

　　□可以　→【步驟五】

　　□不可以→【步驟四】→【步驟五】

【步驟四】減兵，口訣：－1＋升級

　大階級－1，小階級＋升級數字

【步驟五】階級命名

削減兵力大作戰 17

★再複習一次「時間減法五步驟」

【步驟一】先寫上時間階級以及升級數字

【步驟二】寫上題目及「－」號

【步驟三】大小階級分開算，從小階級開始減，
確認上面數字可以減下面數字

　　　　　□可以　→【步驟五】

　　　　　□不可以→【步驟四】→【步驟五】

【步驟四】減兵，口訣：－1＋升級
大階級－1，小階級＋升級數字

【步驟五】階級命名

★模擬大作戰

①3分15秒－1分30秒	②5時15分－2時23分
③4日5時－2日17時	④5日11時－1日19時

削減兵力大作戰 18

★攻擊任務：按照「時間減法五步驟」試試看吧！

①3 分 20 秒－1 分 30 秒	②6 分 28 秒－2 分 37 秒
③2 時 29 分－40 分	④3 時 7 分－1 時 45 分
⑤2 日 5 時－1 日 8 時	⑥4 日 8 時－22 日 13 時

時間單位互換：
階級轉換大作戰

階級轉換大作戰 1

作戰預備一

連接各時間階級的代表圖示並完成階級間的升級數字

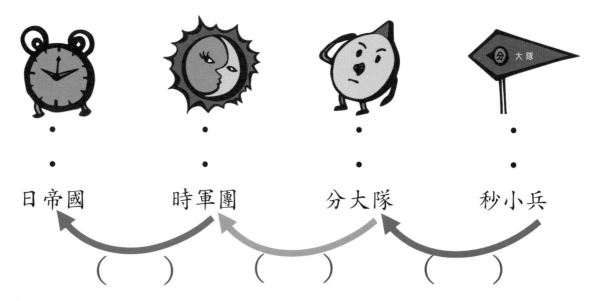

日帝國　　　　時軍團　　　　分大隊　　　　秒小兵

（　　　）　　　（　　　）　　　（　　　）

作戰預備二

完成各時間階級的換算公式

一、「日帝國」與其他階級的換算

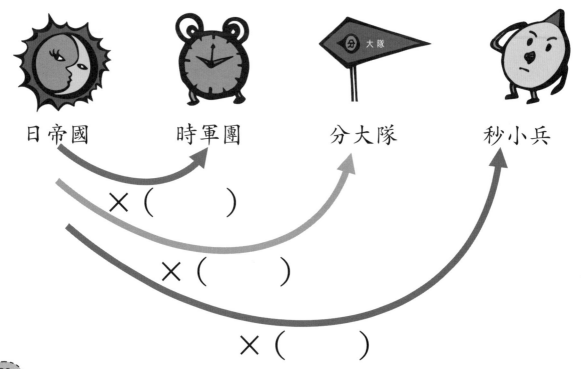

日帝國　　　時軍團　　　分大隊　　　秒小兵

×（　　　）

×（　　　）

×（　　　）

二、「時軍團」與其他階級的換算

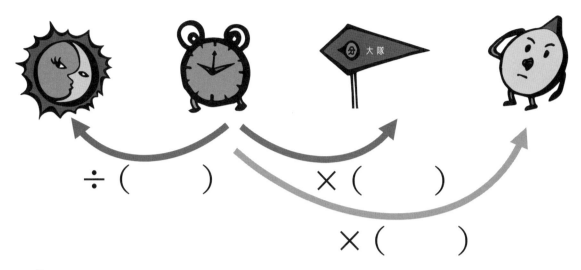

÷（　　　）　　　×（　　　）

×（　　　）

三、「分大隊」與其他階級的換算

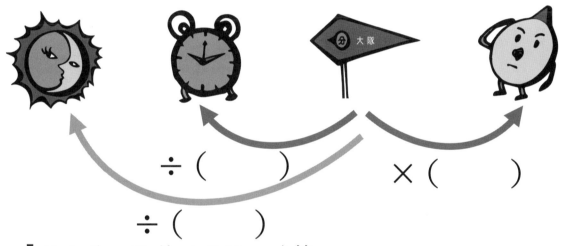

÷（　　　）　　　×（　　　）

÷（　　　）

四、「秒小兵」與其他階級的換算

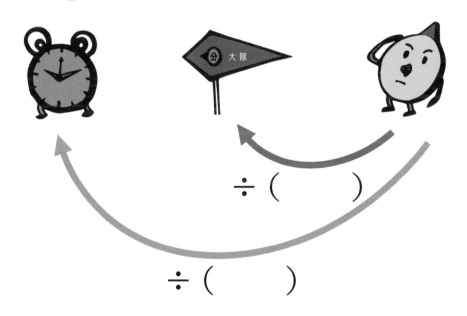

÷（　　　）

÷（　　　）

階級轉換大作戰 2

（轉換任務 1）

30 個時軍團可以轉換成幾個日帝國、幾個時軍團？

方法一：利用「時間軍隊圖」和「時間單位關係圖」想想看

（　　　）個 ⏰ =1 個

把 24 個時軍團圈起來換成（　　）個日帝國，旁邊還剩下（　　）個時軍團。

方法二：利用除法算算看

想想看：
每個大階級都可以分成許多小階級
所以我們可以用平分的除法來做……

那要用 30 除多少呢？

就用 30÷升級數字

所以這題就是用　30÷24＝（　　　）…（　　　）

階級間的
升級數字　　　大階級　　　小階級

簡寫密碼 30 時 ＝ （　　）日（　　）時

階級轉換大作戰 3

___年___月___日

（轉換任務2）

130 個分大隊可以轉換成幾個時軍團、幾個分大隊？

方法一：利用「時間階級圖」和「階級換算表」想想看

(　　) 個 🚩 ＝1 個 ⏰

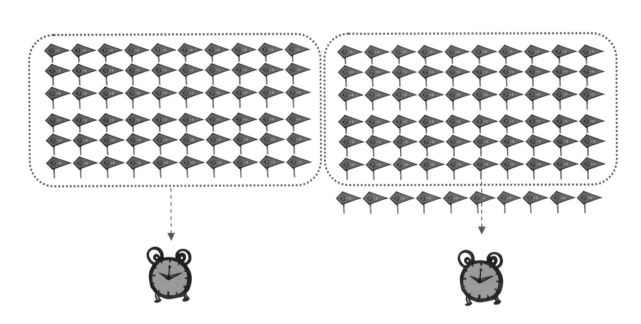

每 60 個分大隊圈起來共換成 (　　) 個時軍團

旁邊還剩下 (　　) 個時軍團

方法二：用除法算算看

$$130 \div (\quad\quad) = (\quad\quad) \cdots (\quad\quad)$$

階級間的　　　　大階級　　　　小階級
升級數字

簡寫密碼 130 分 ＝ (　　) 小時 (　　) 分

61

階級轉換大作戰 4

（轉換任務 3）

150 個秒小兵可以轉換成幾個分大隊、幾個秒小兵？

方法一：利用「時間階級圖」和「階級換算表」想想看

（　　　）個 =1 個

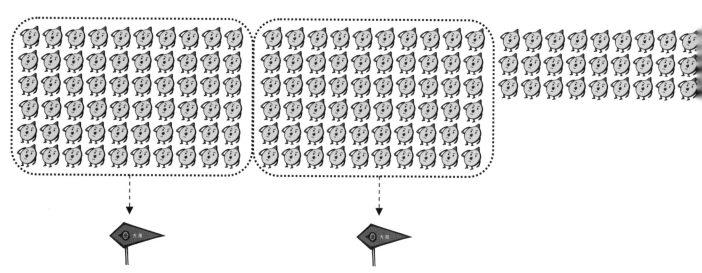

每 60 個秒小兵圈起來共換成（　　）個分大隊

旁邊還剩下（　　）個秒小兵

方法二：利用除法算算看

150 ÷（　　　）=（　　　　）…（　　　）

階級間的　　　　　大階級　　　　　小階級
升級數字

簡寫密碼 150 秒 =（　　）分（　　）秒

62

階級轉換大作戰 5

（轉換任務4）

3個日帝國可以轉換成幾個時軍團？

方法一：利用「時間階級圖」和「階級換算表」想想看

1 個 ☀ = （　　　）個 ⏰

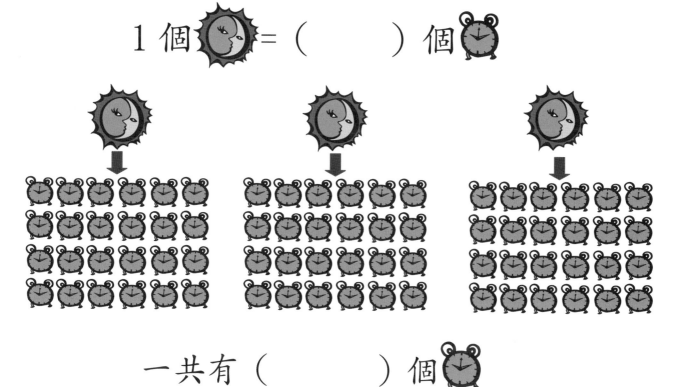

一共有（　　　　）個 ⏰

方法二：利用乘法算算看

3 日＝24 小時的（　　）倍

用算式記成：24　□（　　）＝（　　）

簡寫密碼 3 日＝（　　）時

___年___月___日

（轉換任務5）

2 個日帝國、10 個時軍團可以轉換成幾個時軍團？

方法一：利用「時間階級圖」和「階級換算表」想想看

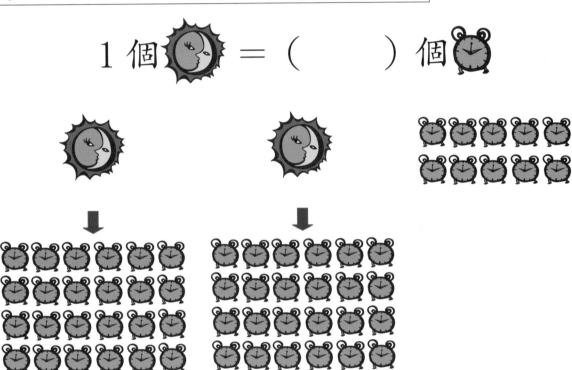

1 個 🌙 ＝（　　　）個 ⏰

一共有（　　　　）個 ⏰

方法二：利用乘法算算看

【先算 2 個 🌙 有幾個 ⏰？】_____

【再把 10 個 ⏰ 加進去，一共是多少個 ⏰？】___

簡寫密碼 2 日 10 時＝（　　）小時

_____年_____月_____日

（轉換任務 6）

1 個時軍團、40 個分大隊可以轉換成幾個分大隊？

方法一：利用「時間階級圖」和「階級換算表」想想看

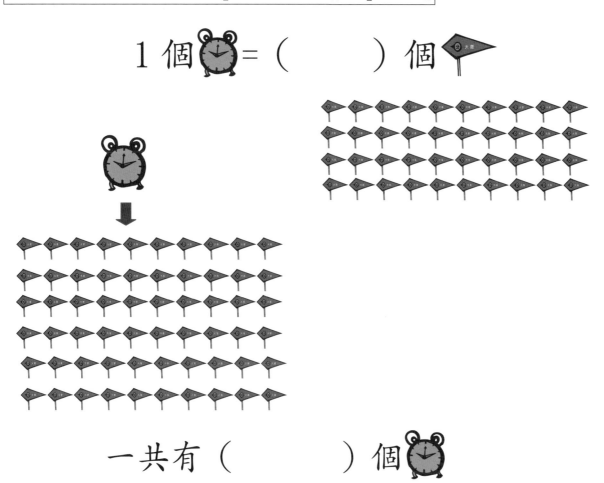

1 個 🕐 ＝（　　　　　）個 🚩

一共有（　　　　　）個 🕐

方法二：利用乘法算算看

【先算 1 個 🕐 有幾個 🚩 ？】_____

【再把 40 個 🚩 加進去，一共是多少個 🚩 ？】

_____

簡寫密碼 1 時 40 分 ＝（　　　　）分

階級轉換大作戰 8

一、填填看

（1）把時間階級按順序由大到小填上 1、2、3、4

（　　）　　　　（　　）　　　　（　　）　　　　（　　）

（2）　1 個 🕐 =（　　　　）個 🚩

（3）　1 個 🌙 =（　　　　）個 🕐

（4）　1 個 🚩 =（　　　　）個 🐶

二、算算看，填上正確答案

	簡寫密碼
（1）4 個 🚩　25 個 🐶 =（　　　　）個 🐶	4 分 25 秒 =（　　）秒
（2）190 個 🐶 =（　）個 🚩（　）個 🐶	190 秒 =（　）分（　）秒
（3）80 個 🚩 =（　）個 🕐（　）個 🚩	80 分 =（　）時（　）分
（4）3 個 🕐　40 個 🚩 =（　　　　）🚩	3 時 40 分 =（　　）分
（5）3 個 🌙　5 個 🕐 =（　　　）個 🕐	3 日 5 時 =（　　）時
（6）50 個 🕐 =（　）個 🌙（　）個 🕐	50 時 =（　）日（　）時

66

時間乘法：
倍數集合大作戰

倍數集合大作戰 1

（集合任務 1）

1 個分大隊、10 個秒小兵為一組，

請問五組共有幾個分大隊、幾個秒小兵？

方法一：利用「時間軍隊圖」想想看

1 組		
2 組		
3 組		
4 組		
5 組		
合計	（ 5 ）個	（ 50 ）個

$$1 分 10 秒 \times 5 = （\quad）分（\quad）秒$$

方法二：利用「時間倍數集合五步驟」算算看

【步驟一】 先寫上時間階級
以及升級數字

【步驟二】 寫上題目及「×」號

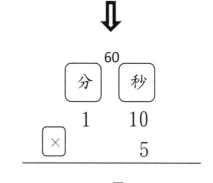

【步驟三】 時間階級分開乘

秒小兵歸秒小兵
分大隊歸分大隊

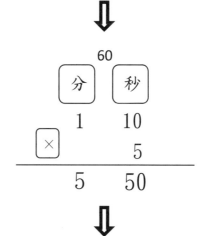

【步驟四】 確認小階級的答案
有沒有超過升級數字
~~□有超過 →【步驟五】~~

☑沒有超過→階級命名

~~【步驟五】階級轉換~~

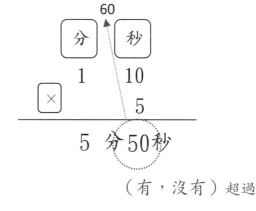

（有，沒有）超過

按照指令跟著執行，你會了嗎？

69

倍數集合大作戰 2

（集合任務 2）

1 個分大隊、10 個秒小兵為一組，

7 組共有幾個分大隊、幾個秒小兵？

方法一：利用「時間軍隊圖」想想看

1 組	🚩	🐑🐑🐑🐑🐑🐑🐑🐑🐑🐑
2 組	🚩	🐑🐑🐑🐑🐑🐑🐑🐑🐑🐑
3 組	🚩	🐑🐑🐑🐑🐑🐑🐑🐑🐑🐑
4 組	🚩 🚩	🐑🐑🐑🐑🐑🐑🐑🐑🐑🐑
5 組	🚩	🐑🐑🐑🐑🐑🐑🐑🐑🐑🐑
6 組	🚩	🐑🐑🐑🐑🐑🐑🐑🐑🐑🐑
7 組	🚩	🐑🐑🐑🐑🐑🐑🐑🐑🐑🐑
合計	（ 8 ）個 🚩	（ 10 ）個 🐑

$$1 \text{ 分 } 10 \text{ 秒} \times 7 = （7）\text{ 分 } （70）\text{ 秒}$$

$$= （7）\text{ 分 } + （1）\text{ 分 } （10）\text{ 秒}$$

$$= （8）\text{ 分 } （10）\text{ 秒}$$

【步驟一】先寫上時間階級
以及升級數字

【步驟二】寫上題目及「×」號

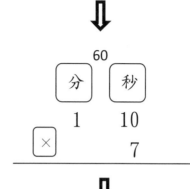

【步驟三】時間階級分開乘

秒小兵歸秒小兵
分大隊歸分大隊

【步驟四】確認小階級的答案
有沒有超過升級數字

☑有超過 →【步驟五】

~~□沒有超過→階級命名~~

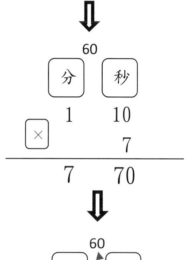

（有，沒有）超過

【步驟五】階級轉換
利用轉換密碼：

7 分 70 秒 = 7 分 + 70 秒

　　　　　= 7 分 + （ 　 ）分（ 　 ）秒

　　　　　= （ 　 ）分（ 　 ）秒

按照步驟跟著做，你完成了嗎？

倍數集合大作戰 3

★讓我們複習一下「時間倍數集合五步驟」：看題目圈圈看

【步驟一】寫上（時間　時刻）階級

　　　　　與（跳級　升級）數字

【步驟二】寫上題目與（＋　－　×）號

【步驟三】時間階級（分開　一起）乘

【步驟四】確認（大　小）階級的數字有沒有超過升級數字

　　　　　□有超過　→【步驟五】

　　　　　□沒有超過 → 階級命名

【步驟五】階級轉換

★模擬大作戰

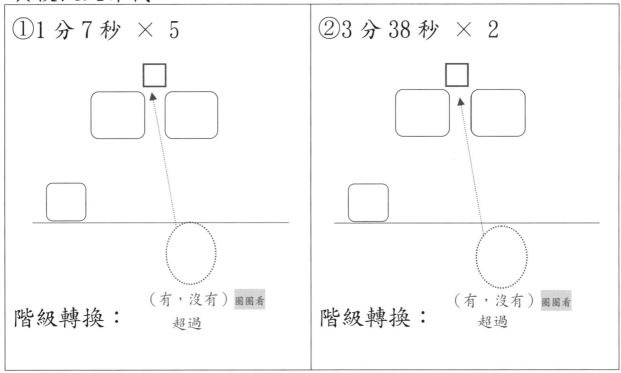

很不錯喔！你做得非常好呢！

72

___年___月___日

（集合任務 3）

$$1 時 40 分 × 2 = （\quad）時（\quad）分$$

1 組	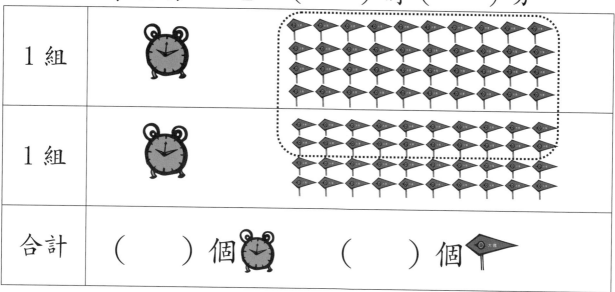	
1 組		
合計	（　　）個 🕐	（　　）個 🚩

直接用「時間倍數集合五步驟」算算看

【步驟一】先寫上時間階級
　　　　　以及升級數字

【步驟二】寫上題目及「×」號

【步驟三】時間階級分開乘

下面開始幫忙做做看吧！

　　分大隊歸分大隊，時軍團歸時軍團

【步驟四】確認小階級的答案
　　　　　有沒有超過升級數字

　　□有超過　→【步驟五】

　　□沒有超過→階級命名

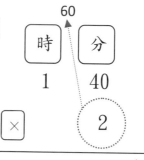

時	分
1	40

$\boxed{×}$　　(2)

（有，沒有）圈圈看
　　　超過

【步驟五】階級轉換

利用轉換密碼：

2 時 80 分 = 2 時 + 80 分

　　　　　= 2 時 + （　　）時（　　）分

　　　　　= （　　）時（　　）分

讓我們再試一題，看你是不是真這麼厲害！

_____年_____月_____日

（集合任務 4）

$$2 \text{ 日 } 15 \text{ 時 } \times 4 = (\quad) \text{ 日 } (\quad) \text{ 時}$$

【步驟一】先寫上時間階級以及升級數字
【步驟二】寫上題目及「×」號
【步驟三】時間階級分開乘
【步驟四】確認小階級的答案
　　　　　有沒有超過升級數字

☐ 有超過　→【步驟五】
☐ 沒有超過→階級轉換

（有，沒有）圈圈看
超過

【步驟五】階級轉換
利用轉換密碼：

$$8 \text{ 日 } 60 \text{ 時 } = 8 \text{ 日 } + 60 \text{ 時}$$
$$= 8 \text{ 日 } + (\quad) \text{ 日 } (\quad) \text{ 時}$$
$$= (\quad) \text{ 日 } (\quad) \text{ 時}$$

（轉換任務 4）

$$3 \text{ 日 } 12 \text{ 時 } \times 5 = (\quad) \text{ 日 } (\quad) \text{ 時}$$

【步驟一】先寫上時間階級以及升級數字
【步驟二】寫上題目及「×」號
【步驟三】時間階級分開乘
【步驟四】確認小階級的答案
　　　　　有沒有超過升級數字

☐ 有超過　→【步驟五】
☐ 沒有超過→階級轉換

（有，沒有）圈圈看
超過

【步驟五】階級轉換
利用轉換密碼：

倍數集合大作戰 6

____年____月____日

★再複習一次「時間倍數集合五步驟」

【步驟一】先寫上時間階級以及升級數字

【步驟二】寫上題目及「×」號

【步驟三】時間階級分開乘

【步驟四】算出答案後，確認小階級的答案有沒有超過升級數字

　　　　　□有超過　→【步驟五】

　　　　　□沒有超過→階級轉換

【步驟五】階級轉換

　　　　　利用轉換密碼

★模擬作戰

①2 分 15 秒 × 2	①5 時 25 分 × 3
②3 日 17 時 × 4	③5 日 19 時 × 3

75

倍數集合大作戰 7

___年___月___日

★集合大作戰：按照「時間倍數集合五步驟」試試看吧！

①3 分 20 秒 × 3	②1 分 58 秒 × 2
③2 時 37 分 × 4	④3 時 45 分 × 5
④1 日 8 時 × 4	⑤2 日 13 時 × 3

時間除法：
平均分散大作戰

平均分散大作戰 1

（分散任務 1）

　　　1 個分大隊、30 個秒小兵平均分成 3 組，

　　請問每組共有幾個分大隊、幾個秒小兵？

方法一：利用「時間軍隊圖」想想看

┌─────────────────────────────┐
│ 1 個分大隊沒辦法分成 3 組   │
│ 所以把 1 個分大隊先拆成 60 個秒小兵 │
└─────────────────────────────┘

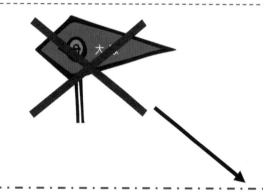

1 個分大隊、30 個秒小兵一共是（**90**）個秒小兵

90 ÷ 3 =（ **30** ），表示一組有（　　）個

1 分 30 秒 ÷ 3 ＝（　　）秒

方法二：既然是平均分散，那就用除法算算看

時間軍隊平均分散執行暗號：**換小階級再平分**

【步驟一】先換成小階級：

1 個分大隊、30 個秒小兵＝（　　　　　）個秒小兵

（　　　）×1＋30＝（　　　　　）

升級數字

【步驟二】再平分：

90 ÷ 3＝（　　　　）

1 分 30 秒 ÷ 3 ＝（　　　）秒

★小練習：

（1） 2 分 30 秒 ÷ 3＝（　　　　）秒

【步驟一】先換成小階級：＿＿＿＿＿＿＿＿＿＿＿＿＿＿＿

【步驟二】再平分：＿＿＿＿＿＿＿＿＿＿＿＿＿＿＿＿＿＿＿

（2） 3 分 ÷ 5＝（　　　　）秒

【步驟一】先換成小階級：＿＿＿＿＿＿＿＿＿＿＿＿＿＿＿

【步驟二】再平分：＿＿＿＿＿＿＿＿＿＿＿＿＿＿＿＿＿＿＿

（3） 3 分 18 秒 ÷ 6＝（　　　　）秒

【步驟一】先換成小階級：＿＿＿＿＿＿＿＿＿＿＿＿＿＿＿

【步驟二】再平分：＿＿＿＿＿＿＿＿＿＿＿＿＿＿＿＿＿＿＿

平均分散大作戰 2

（分散任務 2）

2 個時軍團、40 個分大隊平均分成 2 組，

請問每組共有幾個時軍團幾個分大隊？

方法一：利用「時間軍隊圖」想想看

  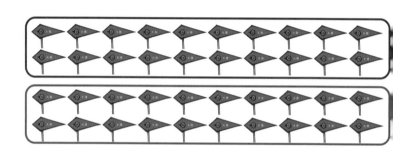

2 個時軍團剛好可以分成 2 組 ⟶ 一組有（ **1** ）個時軍團

40 個分大隊平分成 2 組

40 ÷ 2 ＝（ **20** ） ⟶ 一組有（ **20** ）個分大隊

合併起來

共有（ **1** ）個時軍團（ **20** ）個分大隊

2 分 40 秒 ÷ 2 ＝（　　　）分（　　　）秒

平均分散大作戰 3

方法一：利用除法想想看

★讓我們再複習一下

時間軍隊平均分散執行暗號：換小階級再平分

【步驟一】換（大　小）圈圈看 階級

【步驟二】再用（除法　乘法）圈圈看 平分

★讓我們利用平均分散執行暗號執行上個任務：
　將 2 個時軍團 40 個分大隊平均分成 2 組……

【步驟一】先換成小階級：

2 個時軍團 40 個分大隊＝（　　　　）個分大隊

（　　　）× 2＋40＝（　　　　　）
升級數字

【步驟二】再平分：

160 ÷ 2＝（　　　）

【步驟三】再進行階級轉換, 轉換成幾個時軍團幾個分大隊

80 個分大隊＝（　　）個時軍團（　　）個分大隊

$\underline{80 ÷ 60＝（\ \ \textbf{1}\ \ ）…（\ \ \ \textbf{20}\ \ \ ）}$

所以 2 分 40 秒 ÷ 2＝（ **160** ）秒 ÷ 2

　　　　　　　　　＝（　　　）秒

　　　　　　　　　＝（　　　）分（　　　　）秒

平均分散大作戰 4

★時間軍隊平均分散執行暗號，

必要時要再加第三步驟

【步驟一】先換（大　小）圈圈看階級

【步驟二】再用直式（除法　乘法）圈圈看平分

【步驟三】階級轉換

模擬作戰：

（任務 1）9 時÷10＝（　　　）分

　　【步驟一】先換（大　小）圈圈看階級

　　　9 時＝（　　　）分

　　【步驟二】再用橫式（除法　乘法）圈圈看平分

　　　_____÷ 10 ＝（　　　）

　　　所以 9 時 ÷ 10 ＝（　　　）分÷ 10

　　　　　　　　　　＝（　　　）分

（任務 2）9 時 36 分 ÷ 8＝（　　　）時（　　　）分

　　【步驟一】先換（大　小）圈圈看階級

　　　9 時 36 分＝（　　　）分

　　【步驟二】再用橫式（除法　乘法）圈圈看平分

　　　__576__ ÷ 8 ＝（　　　）

　　【步驟三】階級轉換

　　　__72__分＝（　　）時（　　）分

　　　所以 9 時 36 分÷ 8 ＝（　　　）分÷ 8

　　　　　　　　　　　＝（　　　）分

　　　　　　　　　　　＝（　　）時（　　）分

平均分散大作戰 5

任務大挑戰：按照時間軍隊平均分散執行暗號試試看吧！

①2 分 10 秒÷5 = （　　　　）秒	②1 時 30 分÷3 = （　　　　）分
③32 分÷5 = （　　　）分（　　　　）秒	④12 時÷5 = （　　　）時（　　　　）分
⑤6 時 20 分÷4 = （　　　）時（　　　　）分	⑥4 分 8 秒÷4 = （　　）分（　　）秒

桌上遊戲系列 72151

時間軍團大進擊：我的時間遊戲書

作　　者：孟瑛如、黃欣儀、陳虹君
責任編輯：郭佳玲
總　編　輯：林敬堯
發　行　人：洪有義
出　版　者：心理出版社股份有限公司
地　　址：231 新北市新店區光明街 288 號 7 樓
電　　話：(02) 29150566
傳　　真：(02) 29152928
郵撥帳號：19293172　心理出版社股份有限公司
網　　址：http://www.psy.com.tw
電子信箱：psychoco@ms15.hinet.net
駐美代表：Lisa Wu（lisawu99@optonline.net）
排　版　者：辰皓國際出版製作有限公司
印　刷　者：辰皓國際出版製作有限公司
初版一刷：2015 年 2 月
I S B N：978-986-191-645-3
定　　價：新台幣 120 元